Klangerzeugung Obertonspektren von Saxophon und Klarinette

Bibliografische Information der Deutschen Nationalbibliothek:

Die Deutsche Nationalbibliothek verzeichnet diese Publikation in der Deutschen Nationalbibliografie; detaillierte bibliografische Daten sind im Internet über http://dnb.d-nb.de abrufbar.

ISBN: 9783346744579
Dieses Buch ist auch als E-Book erhältlich.

Heinrich-Schliemann-Gymnasium Fürth

Oberstufenjahrgang 2020/2022

Seminararbeit

Erläuterung der Klangerzeugung beim Saxophon und Vergleich der Obertonspektren von Saxophon und Klarinette

Rahmenthema des wissenschaftspropädeutischen Seminars:

Akustik – Physik der Musik

Leitfach des Seminars: *Physik*

Inhaltsverzeichnis

1. Einleitung 1

2. Physikalische Grundlagen 2

   2.1 Obertöne und Teiltöne 2

   2.2 Stehende Wellen 3

3. Klangerzeugung im Instrument 6

   3.1 Tonerzeugung im Mundstück 6

   3.2 Tonentstehung im Instrumentenkorpus 9

   3.3 Tonvariation im Instrument 13

4. Versuch 15

   4.1 Aufbau 15

   4.2 Durchführung 16

   4.3 Auswertung 18

5. Zusammenfassende Darstellung 21

6. Anhang 22

7. Literaturverzeichnis 23

8. Abbildungsverzeichnis 24

9. Abkürzungsverzeichnis 25

1. Einleitung

Ob im Blasorchester, in der Big Band oder im klassischen Orchester, fast jeder hat schon einmal dem schönen Klang eines Saxophons gelauscht, denn durch die klangliche Vielfalt seiner verschiedenen Bauformen ist es vielseitig einsetzbar. Vom belgischen Erfinder Adolphe Sax wurde das Saxophon um 1840 ursprünglich als Bassinstrument in C gebaut, es sollte so agil sein wie eine Klarinette, klanglich aber so kräftig klingen wie eine Trompete oder Posaune. Von den heute bekannten sieben Instrumentengrößen entstanden zuerst die Bass- und Baritonsaxophone, wenige Jahre später folgten die Sopranino-, Sopran-, Alt-, Tenor- und Kontrabasssaxophone. Durchgesetzt haben sich bis heute, hauptsächlich durch Militär- und Blasorchester und die Musikrichtung des Jazz geprägt, das Sopran- und Tenorsaxophon in B und das Alt- und Baritonsaxophon in Es.

Alle Arten des Saxophons sind im Violinschlüssel notiert und ähneln hinsichtlich der Art der Tonerzeugung im Mundstück der Klarinette, sind aber aufgrund ihres konisch verlaufenden Rohres auch mit der Oboe verwandt. Letztere Eigenschaft, die von hoher physikalischer Wirkung ist, wird im Verlauf dieser Arbeit noch von Bedeutung sein. Das Saxophon ist ein Instrument aus der Familie der Blasinstrumente (Aerophone), der Instrumentenkorpus ist meist aus Messing, selten auch aus Kupfer oder Silber gefertigt. An diesem befinden sich üblicherweise 22 Tonlöcher plus zwei Oktavlöcher zum Überblasen der Töne in die höhere Oktave, die mit einer Klappenmechanik zur Betätigung und Lederpolstern zur besseren Abdichtung versehen sind. Der Anblasvorgang findet hierbei, genau wie bei der Klarinette, in einem Einzelrohrblattmundstück statt, deswegen lässt sich das Saxophon als Holzblasinstrument einordnen. Aber wie genau entsteht der Ton in einem solchen Instrument?

In der vorliegenden Arbeit soll dieser Frage und der zugrunde liegenden Physik auf den Grund gegangen werden. Zuerst wird auf die speziell hierfür nötigen physikalischen Grundlagen eingegangen, Grundkenntnisse aus der Physik werden auf dem Niveau der 11. Klasse vorausgesetzt. In Kapitel 3 wird speziell auf die Tonerzeugung im Instrument eingegangen, angefangen beim Mundstück bis hin zum Korpus. Daran anschließend wird durch einen Versuch der Klang eines Altsaxophons mit dem einer Klarinette direkt verglichen.

2. Physikalische Grundlagen

Zuerst wird auf die für die vorliegende Arbeit notwendigen Grundlagen zu Obertönen, Teiltönen und stehenden Wellen eingegangen.

2.1 Obertöne und Teiltöne

Auch wenn es einem Zuhörer so vorkommen mag, jeder Ton, der von einem Instrument erzeugt wird, besteht nicht nur aus einer, sondern aus vielen verschiedenen Schwingungen. Diese sogenannten Teiltöne klingen so gut zusammen, dass der Hörer glaubt, nur einen einzigen Ton zu hören. Sie haben immer eine höhere Frequenz als der gespielte Grundton und werden deshalb auch Obertöne genannt. Allerdings muss ein wichtiger Unterschied zwischen den Begriffen Oberton und Teilton beachtet werden. Wird von Teiltönen gesprochen, zählt, im Gegensatz zu den Obertönen, der Grundton als erster Teilton (vgl. Hall, 1997: S. 140). Der erste Oberton ist dann gleichzeitig der zweite Teilton, der zweite Oberton der dritte Teilton und so weiter.

Aber wie genau entstehen Obertöne? Am einfachsten zu erklären ist das am Beispiel eines Rohres. Wird z.B. mit Hilfe eines Trompetenmundstücks ein Ton in einem Rohr erzeugt, entstehen innerhalb des Rohres zuerst alle möglichen Schwingungen mit allen möglichen Frequenzen. Durch die Resonanz des Rohres oder durch Interferenz mit sich selbst oder anderen Schwingungen können viele Schwingungen nicht aufrechterhalten werden oder löschen sich selbst oder gegenseitig aus. Hörbar sind deshalb am Ende nur die Grundschwingungen, also die 1. Eigenschwingung des Rohres und ihre zugehörigen Oberschwingungen.

Besitzt ein Teilton eine ganzzahlig vielfache Frequenz des Grundtons, gilt also $f_n = n \cdot f_{Grundton}$ ($n \in \mathbb{N}$), wird er harmonischer Teilton genannt. Aus diesem lässt sich auf jeder beliebigen Frequenz eine harmonische Teiltonreihe bilden, in der alle Teiltonfrequenzen jeweils ganzzahlige Vielfache der Grundtonfrequenz sind. Wird beispielsweise auf dem Ton G (Frequenz $f = 98Hz$) die harmonische Teiltonreihe bis zum fünften Oberton gebildet, besteht die Reihe aus den Tönen mit den Frequenzen $f_1 = 98Hz; f_2 = 196Hz; f_3 = 294Hz; f_4 = 392Hz; f_5 = 490Hz; f_6 = 588Hz$.

Jeder Ton hat zwar den Abstand von $98Hz$ zum vorherigen, da für die musikalischen Intervalle jedoch nicht der Frequenzabstand, sondern das Frequenzverhältnis relevant ist, haben nicht alle Töne das gleiche musikalische Intervall zueinander (vgl. Hall, 1997: S. 139). Werden die Verhältnisse der Frequenzen zueinander betrachtet, wird festgestellt, dass die Verhältnisse $f_2 : f_1$ und $f_4 : f_2$ gleich sind. Werden die Töne mit entsprechenden Frequenzen in einem

Notensystem notiert, s. Abb. 2.1.1, ist beobachtbar, dass diese Töne bei einem Verhältnis von 2:1 genau den Abstand einer Oktave voneinander haben:

$$f_1 = 98Hz = G;\ f_2 = 196Hz = g;\ f_4 = 392Hz = g'.$$

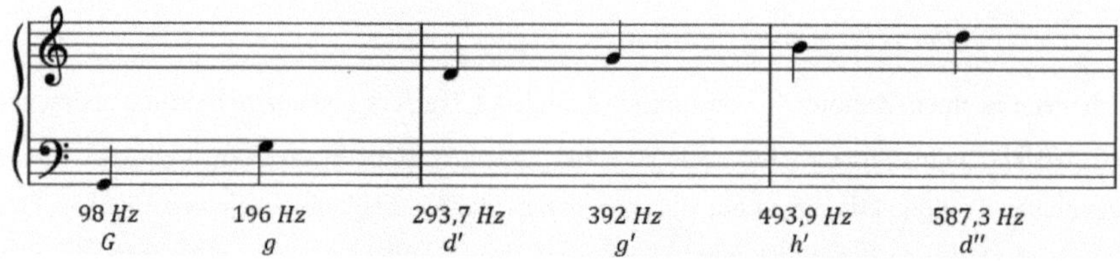

Abb. 2.1.1: Harmonische Teiltonreihe auf der Grundfrequenz 98 Hz.

Die Töne mit den Frequenzen f_3, f_5 und f_6 treffen zwar nicht exakt auf einen Ton in der üblicherweise verwendeten gleichschwebend temperierten Skala (vgl. Hall, 1997: S. 141/ s. Abb. 6.1) zu, liegen aber nahe genug an der Frequenz eines Tons in der Skala, um sie wie folgt zuordnen zu können: $f_3 = 294Hz \approx 293{,}7Hz = d';\ f_5 = 490Hz \approx 493{,}9 = h';$ $f_6 = 588Hz \approx 587{,}3 = d''.$

Bei Betrachtung der Obertonspektren von Instrumenten fällt außerdem auf, dass diese Spektren häufig nicht regelmäßig sind, also nicht alle Obertöne gleichmäßig vorhanden sind. Auf diese Unregelmäßigkeit wird in Kapitel 4 näher eingegangen.

2.2 Stehende Wellen

Eine weitere elementare Voraussetzung für die Tonentstehung in Rohren und somit auch dem Saxophon ist das Phänomen der stehenden Welle.

Läuft eine Welle gegen ein festes Ende, wird sie dort reflektiert. Da die reflektierte Welle genau dieselbe Frequenz f und Wellenlänge λ besitzt, überlagert sie sich mit der Ursprungswelle so, dass eine stehende Welle entsteht.

Die Auslenkung der stehenden Welle an einer bestimmten Stelle lässt sich durch die Addition der Auslenkungen der Eingangswellen und der reflektierten Welle an dieser Stelle berechnen. In Abb. 2.2.1 ist als blaue Linie eine Welle zu erkennen, die kurze Zeit später gegen eine feste Begrenzung laufen und von dieser reflektiert werden wird.

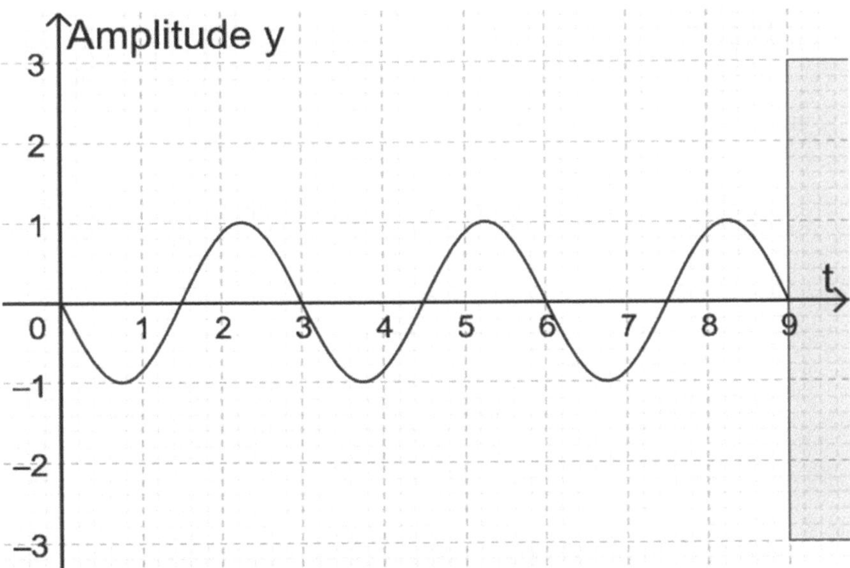

Abb. 2.2.1: Eine sinusförmige Welle läuft gegen ein festes Ende

In den Abbildungen Nr. 2.2.2 und Nr. 2.2.3 werden die reflektierte Welle in Grün und die daraus resultierende stehende Welle in Rot dargestellt. In Abb. 2.2.2 ist zu sehen, wie sich Ursprungswelle und reflektierte Welle gegenseitig aufheben, wenn sie z.B. um eine Viertel Wellenlänge phasenverschoben sind. Durch destruktive Interferenzen heben sich die Auslenkungen der beiden Wellen genau auf, die stehende Welle hat immer die Auslenkung null. Abb. 2.2.3 zeigt die stehende Welle eine Viertel Periodendauer später, wenn ursprüngliche und reflektierte Welle sich genau überlagern, also phasengleich sind. Die maximale Auslenkung der stehenden Welle entspricht hier genau der doppelten ursprünglichen Auslenkung.

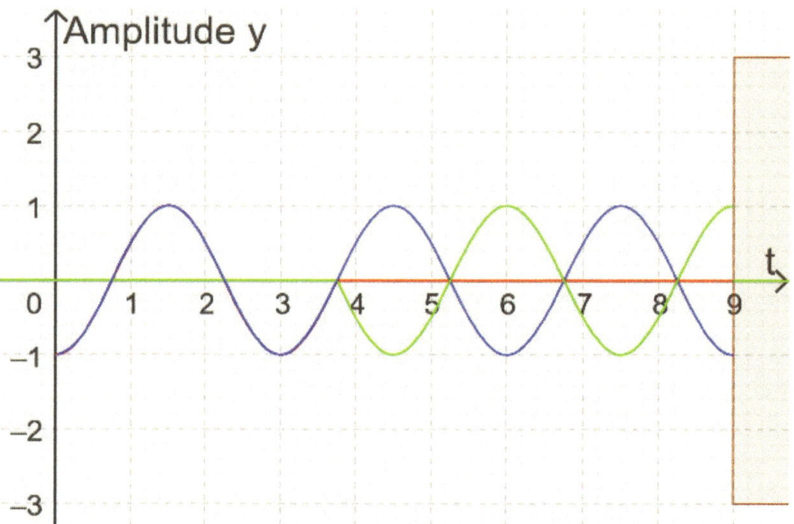

Abb. 2.2.2: Durch destruktive Interferenzen entstehen ortsfeste Wellenknoten reflektierte Welle (grün) gegenseitig auf.

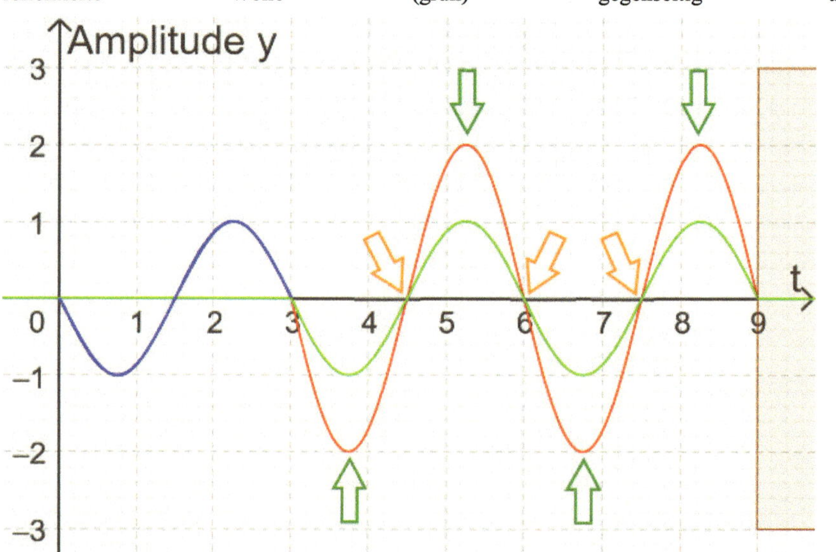

Abb. 2.2.3: Bei $t = 4{,}5$, $t = 6$, $t = 7{,}5$ heben sich Ursprungswelle (blau) und (orange markiert); bei $t = 3{,}75$, $t = 5{,}25$, $t = 6{,}75$, $t = 8{,}25$ entstehen ortsfeste Wellenbäuche (grün markiert).

In Abb. 2.2.3 ist auch zu erkennen, dass bei der stehenden Welle sogenannte ortsfeste Wellenknoten und Wellenbäuche bzw. Gegenknoten entstehen. Bei einem Wellenknoten werden die positiven Auslenkungen der einen Welle genau durch die negativen Auslenkungen der anderen aufgehoben, die Auslenkung der stehenden Welle bleibt also immer null. Diese Wellenknoten werden deshalb auch Auslenkungsknoten genannt. An den Gegenknoten addieren sich die Auslenkungen der beiden Ursprungswellen so, dass die Änderung der Auslenkung maximal ist, es handelt sich also um einen Auslenkungsgegenknoten.

Gut zu sehen ist in der Abbildung auch, dass der Abstand von Knoten zu Knoten bzw. von Bauch zu Bauch immer $\frac{1}{2}\lambda$ entspricht. Da sich Knoten und Gegenknoten abwechseln, bedeutet das wiederum, dass der Abstand von Knoten zu Gegenknoten jeweils $\frac{1}{4}\lambda$ beträgt.

Werden nun stehende Longitudinalwellen betrachtet, wie es in Kapitel 3.2 der Fall sein wird, so ist auch zu beachten, dass sich an einem Auslenkungsknoten jeweils ein Druckgegenknoten, also die maximale Änderung des Schalldrucks befindet. An den Auslenkungsgegenknoten befindet sich dann jeweils auch ein Druckknoten, der Schalldruck bleibt hier also konstant (vgl. Hall, 1997: S. 241).

In den folgenden Kapiteln sollen die jetzt kennengelernten Grundlagen spezifiziert auf das Saxophon angewendet werden.

3. Klangerzeugung im Instrument

Um die Klangerzeugung im Saxophon zu erklären, wird zu Beginn der oberste Teil des Instrumentes, das Mundstück betrachtet.

3.1   Tonerzeugung im Mundstück

Jedes Saxophon wird mit einem sogenannten Einzelrohrblattmundstück gespielt. Es besteht aus einem festen, am Instrument angebrachten Mundstück, das meistens aus Kautschuk gefertigt ist, und einem Rohrblatt, meistens aus Holz, dem sogenannten Mittelmeer-Pfeilgras (vgl. Valentin, 2004: S. 179). Am dickeren Ende des Blattes wird es mit einer Klammer, auch Blattschraube oder Ligatur genannt, am Mundstück befestigt, sodass ein Spalt, die sogenannte Bahnöffnung (s. Abb. 3.1.1), von ca. 0,7 – 1,2 mm entsteht, in dem das Blatt frei schwingen kann. Der Instrumentalist positioniert das Mundstück ca. 2 cm weit im Mund und drückt mit seiner Unterlippe gegen das Blatt. In Abb. 3.1.1 ist der schematische Aufbau eines solchen Mundstücks dargestellt.

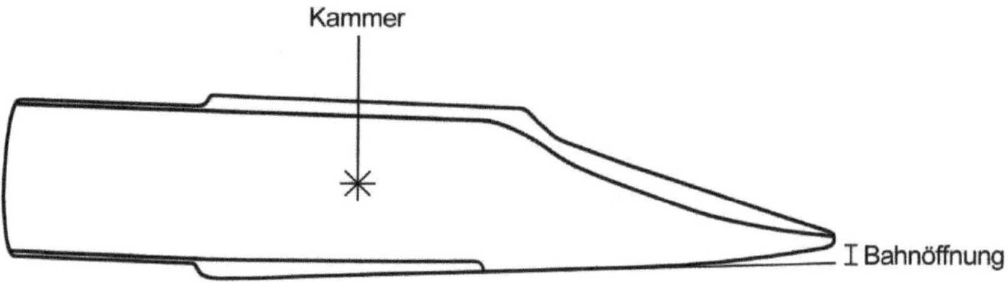

Abb. 3.1.1: Schematischer Aufbau eines Saxophonmundstücks

Die Erzeugung eines Tons im Mundstück kann als zyklischer Vorgang mit zwei Phasen betrachtet werden. Hierfür spielen einige Größen eine wichtige Rolle:

Der Druck in der Kammer des Mundstücks, der im Folgenden als p_K bezeichnet wird, der Druck p_S in der Mundhöhle des Saxophonisten und die Durchflussrate Q. Diese gibt an, wie viel Luft in einer bestimmten Zeit durch das Mundstück fließt (Einheit $\frac{cm^3}{s}$).

Um den Zyklus zu beginnen, erhöht der Spieler durch das sogenannte Anblasen den Druck p_S, er beginnt also Luft in das Instrument zu blasen. In Abb. 3.1.2 ist zu erkennen, wie durch Erhöhung des Druckes p_S die Durchflussrate Q und der Abstand x des Rohrblattes zum Mundstück ansteigt.

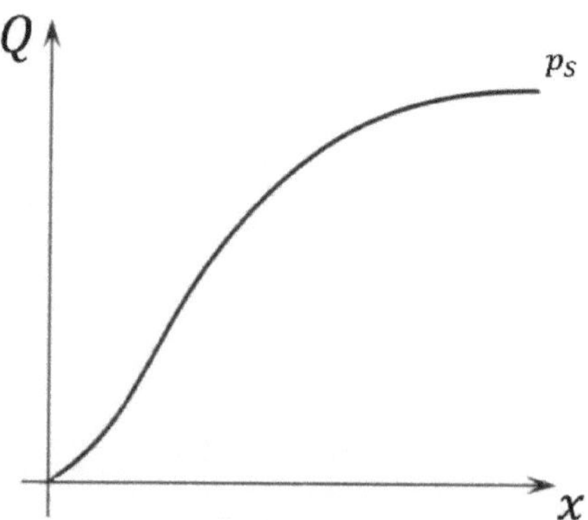

Abb. 3.1.2: Mit Ansteigen des Druckes p_S steigt auch die Durchflussrate Q und die Bahnöffnung x wird größer.

Es ist nun kein Druckausgleich mehr zwischen Mundhöhle und Kammer vorhanden, in der Kammer liegt also ein Unterdruck vor, es gilt: $p_S > p_K$. Mit dem Unterdruck entsteht eine Bernoulli-Kraft F_p, die entlang der Strömungsrichtung der Luft gerichtet ist (vgl. Reuter, 2014: S. 104). Ein durch die Kraft F_p entstehender Sog drückt das Blatt gegen die offene Seite des Mundstücks, verschließt so die Kammer und unterbricht den Luftstrom.

Da das Rohrblatt federähnliche Eigenschaften besitzt, bewirkt die Federkraft F_E des Blattes die zweite Phase des Zyklus: Durch ein Zurückfedern in die Ausgangslage wird die Kammer wieder geöffnet. Durch die erneute Öffnung entsteht wieder ein Druckunterschied zwischen p_S und p_M, der ebenfalls wieder eine Kraft F_p bewirkt. So beginnt der Zyklus von neuem und wiederholt sich nach diesem Schema immer wieder. Die durch das periodische Öffnen und Schließen des Blattes entstehenden Überdruckimpulse im Mundstück breiten sich als Schallwellen entlang der Kammer aus und versetzen die Luftsäule im Instrument in Schwingung.

Es gibt allerdings auch einen Grenzfall: Ab einem bestimmten kritischen Punkt ist kein Schwingen des Rohrblattes mehr möglich. Der Druck p_S und damit die Flussrate der Luft im Mundstück sind zu groß und die Federkraft F_E reicht nicht mehr aus, um das Blatt erneut vom Mundstück wegzudrücken. Folge ist ein Verschließen der Kammer und somit ein vollständiges Unterbrechen des Luftstroms, bis p_S wieder verringert wird. In Abb. 3.1.3 sind die gesamt auf das Rohrblatt wirkenden Kräfte $F_{total} = F_p + F_E$ in drei Fällen unterschiedlichen Drucks im Mundstück in Abhängigkeit der Bahnöffnung x. Kurve a kann sich auf eine Gleichgewichtslage bei x_1, Kurve b bei x_2 einpendeln. Bei Kurve c hingegen ist die Durchflussmenge so groß, dass die Elastizitätskraft F_E des Blattes nicht ausreicht, um die Kammer zu öffnen, es wird keine Gleichgewichtslage erreicht (vgl. Hall, 1997 S. 269).

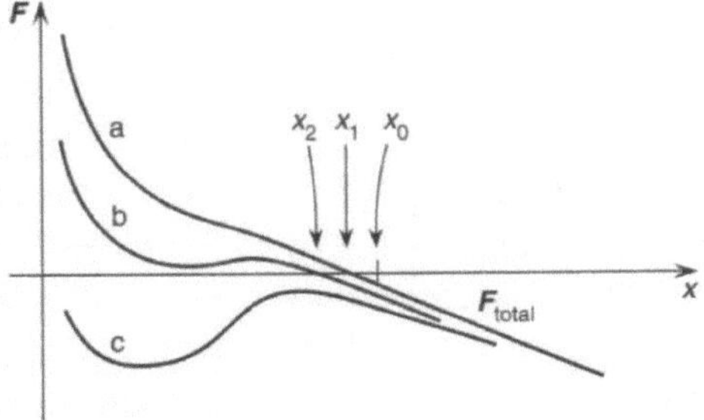

Abb. 3.1.3: Gesamtdruck F_{total} in Abhängigkeit der Bahnöffnung x bei drei Fällen unterschiedlichen Drucks. Die Kurven a und b erreichen einen Gleichgewichtspunkt bei x_1 bzw.

x_2. Bei Kurve c ist die Elastizitätskraft F_E zu gering um ein Verschließen der Kammer zu verhindern.

Eine weitere Größe, die Einfluss auf dieses Phänomen hat, ist die Blattstärke. Rohrblätter sind in verschiedenen Materialstärken erhältlich, man bezeichnet dünne Blätter als „leicht" und dicke Blätter als „schwer". Die Bernoulli-Kraft F_p wirkt auf leichte Blätter stärker, da das Material elastischer ist. Das bedeutet, dass die Elastizitätskraft F_E bei diesen Blättern geringer ausfällt (vgl. Reuter, 2014: S. 105). Die am besten zu spielende Blattstärke ist zwar für jeden Spieler unterschiedlich, das Risiko eines Verschließens der Kammer ist jedoch bei leichteren Blättern tendenziell höher. Im folgenden Kapitel wird der auf das Mundstück folgende Teil des Instruments, der Korpus, betrachtet.

3.2   Tonentstehung im Instrumentenkorpus

Um die Tonentstehung im Korpus eines Saxophons zu verstehen, muss das Instrument zuerst ohne jegliche Anbauteile wie Klappen, Mechanik oder Tonlöcher, also als simples Metallrohr, betrachtet werden. Wird von Schwingungen innerhalb eines Rohres gesprochen, ist immer die Schwingung der Luftsäule im Inneren gemeint. Zuerst soll von Rohren mit gleichbleibendem Querschnitt, wie sie beispielweise in einer Orgel oder Klarinette vorkommen, ausgegangen werden. Wird nun die Entstehung einer Welle an einem offenen Ende des Rohres angeregt, breitet sich diese mit konstanter Geschwindigkeit innerhalb des Rohres aus. Wenn sie das andere Ende erreicht, wird sie dort reflektiert. Die reflektierten Wellen, deren Frequenzen Eigenfrequenzen des Rohres sind, interferieren nun mit der Ursprungswelle und bilden stehende Wellen.

Es werden zwei Arten von Rohren unterschieden. Die einen sind an beiden Enden offen, die anderen weisen ein geschlossenes Ende auf.

Betrachtet werden nun zuerst offene Rohre: Wie bereits in Kapitel 2.1 beschrieben, ist am Auslenkungsmaximum einer stehenden Welle immer ein Druckknoten vorhanden. Am Ende des Rohres muss die Auslenkung also maximal sein, da dort der Druckunterschied zwischen dem atmosphärischen Druck und dem innerhalb des Rohres null sein muss. Da der Abstand von Auslenkungsmaximum zu Auslenkungsmaximum immer $\frac{1}{2}\lambda$ entspricht, lässt das darauf schließen, dass die Eigenschwingungen immer ganzzahlige Vielfache der halben Wellenlänge sind, die der Länge s des Rohres entsprechen. Ist das Rohr also beispielsweise 1m lang, ist die

Wellenlänge der ersten Eigenschwingung $\lambda_1 = 2m$. Für die Berechnung der Rohrlänge von offenen Rohren s_{Offen} lässt sich darauf aufbauend für die n-te Eigenschwingung die Formel

$$s_{Offen} = n \cdot \frac{\lambda_n}{2} \, (n \in \mathbb{N})$$

aufstellen.

Daraus folgt für die Berechnung der Wellenlänge

$$\lambda_n = \frac{2 \cdot s_{Offen}}{n} \, (n \in \mathbb{N}).$$

Soll nun die Frequenz der n-ten Eigenschwingung bestimmt werden, so kann davon ausgegangen werden, dass $f_n = \frac{c}{\lambda_n}$ gilt (vgl. Hall, 1997: S. 239), wobei c die Schallgeschwindigkeit in Luft bei Normaldruck, also ca. $343 \frac{m}{s}$ ist.

Wird dort nun λ_n eingesetzt, gilt für die Frequenz

$$f_n = \frac{n \cdot c}{2 \cdot s_{Offen}} \, (n \in \mathbb{N}).$$

Die Grundschwingung, also die 1. Eigenschwingung dieser Rohre wird folglich durch die Formel $f_1 = \frac{c}{2 \cdot s_{Offen}}$ beschrieben.

In Abb. 3.2.1 ist zum besseren Verständnis ein offenes Rohr mit der ersten, zweiten und dritten Eigenschwingung dargestellt. Die gestrichelten Linien deuten das Verhalten der Welle eine halbe Schwingungsdauer später an. Deutlich zu sehen ist hier das Auslenkungsmaximum am Ende des Rohres. Auffällig ist, dass die zweite Eigenschwingung auch genau die doppelte Frequenz hat, die dritte die dreifache Frequenz, und so weiter.

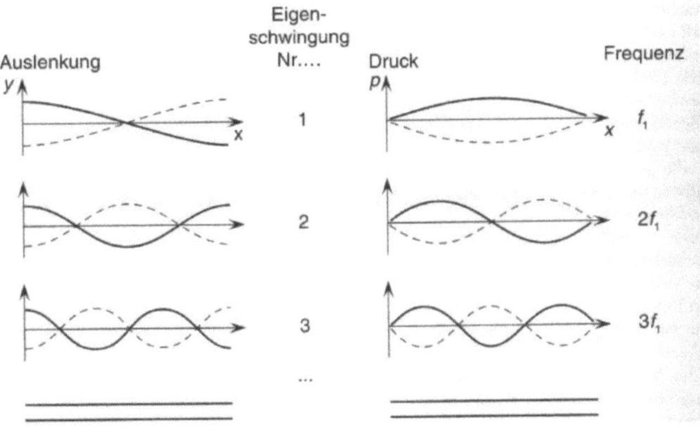

Abb. 3.2.1: Auslenkung und Druck in einem offenen Rohr für die ersten drei Eigenschwingungen

Die gleiche Überlegung kann nun auch für die einseitig geschlossenen Rohre, die im Orgelbau auch gedackte Pfeifen genannt werden, angestellt werden. Da hier am Ende des Rohres eine feste Begrenzung besteht, an der sich Schalldruck aufbauen kann, befindet sich dort ein Druckmaximum bzw. ein Auslenkungsminimum. Eine solches Minimum kommt immer nach einer Viertel-Schwingung und deren ungeradzahligen Vielfachen, also $\frac{1}{4}, \frac{3}{4}, \frac{5}{4}$ usw. vor. Das bedeutet auch, dass die Länge dieses Rohres einer Viertel-Wellenlänge entspricht. Mathematisch lässt sich das als

$$s_{Gedackt} = (2n - 1) \cdot \left(\frac{\lambda_n}{4}\right) (n \in \mathbb{N})$$

beschreiben (vgl. Hall, 1997: S. 241). Daraus können wir, wie bei den offenen Rohren, durch die Formel

$$\lambda_n = \frac{4 \cdot s_{Gedackt}}{(2n - 1)} (n \in \mathbb{N})$$

die Wellenlänge für die n-te Eigenschwingung folgern.

Auch hier lässt sich die Frequenz wieder durch $f_n = \frac{c}{\lambda_n}$ herleiten, daraus folgt

$$f_n = \frac{(2n - 1) \cdot c}{4 \cdot s_{Gedackt}} (n \in \mathbb{N}).$$

Die Formel für die 1. Eigenschwingung lautet hier nun also $f_1 = \frac{c}{4 \cdot s_{Gedackt}}$.

In Abb. 3.2.2 ist noch einmal deutlich die 1. Eigenfrequenz mit genannter Formel, sowie die 2. und 3. Eigenfrequenz zu sehen, die durch die Terme $f_2 = \frac{3 \cdot c}{4 \cdot s_{Gedackt}}$ und $f_3 = \frac{5 \cdot c}{4 \cdot s_{Gedackt}}$ beschrieben werden. Auch hier stellen die gestrichelten Linien wieder das Verhalten der Welle nach einer halben Schwingung dar. Zu beachten ist außerdem, dass die zweite Eigenschwingung nicht die doppelte, sondern die dreifache Frequenz besitzt. Ist die Grundfrequenz einer Röhre also beispielsweise 100Hz, so beträgt die Frequenz der zweiten Eigenschwingung 300Hz, ähnliches gilt auch für alle weiteren Eigenschwingungen.

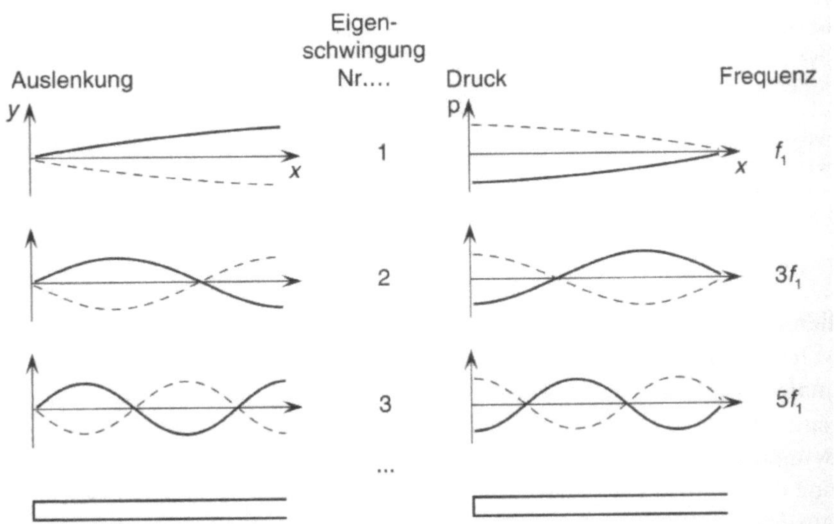

Abb. 3.2.2: Auslenkung und Druck in einem einseitig geschlossenen Rohr für die ersten drei Eigenschwingungen

Im Anwendungsfall ist durch das Umstellen der Gleichungen für die Grundfrequenzen zum Beispiel die Berechnung der Länge einer Orgelpfeife für eine bestimmte Grundfrequenz möglich:

Soll eine Pfeife mit der Grundfrequenz des Kammertons a' (Frequenz $f_{a'} = 440Hz$) konstruiert werden, muss die Länge bei einer offenen Pfeife

$$s_{Offen} = \frac{v}{2 \cdot f_{a'}} = \frac{344\frac{m}{s}}{880Hz} \approx 0{,}40m$$

und bei einer gedackten Pfeife

$$s_{Gedackt} = \frac{v}{4 \cdot f_{a'}} = \frac{344\frac{m}{s}}{1760Hz} \approx 0{,}20m$$

betragen.

Diese Art von Tonentstehung lässt sich genauso auf das Saxophon übertragen. Der einzige Unterschied besteht darin, dass bisher von zylindrischen Rohren ausgegangen wurde, Saxophone allerdings besitzen einen Korpus mit konischem Rohr, der Durchmesser des Rohres nimmt also im Verlauf des Rohres von oben nach unten zu.

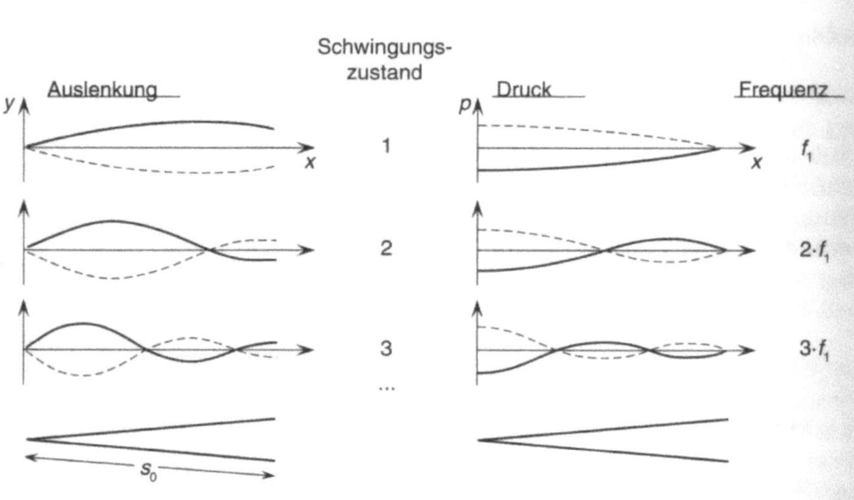

Abb. 3.2.3: Auslenkung und Druck in einem konischen, einseitig geschlossenen Rohr für die ersten drei Eigenschwingungen

Aus Abb. 3.2.3 lässt sich im direkten Vergleich mit Abb. 3.2.2 erahnen, wo der akustische Unterschied liegt: Während der zylindrische, einseitig geschlossene Rohrverlauf nur die ungeraden Eigenschwingungen aufrechterhalten kann, unterstützt der konische Rohrverlauf, ähnlich wie bei einem beidseitig geöffneten zylindrischen Rohr, alle Eigenschwingungen. Daraus resultiert eine vollständige harmonische Teiltonreihe (vgl. Hall, 1997: S. 273 f.). In Kapitel 4 wird dieser Unterschied am Versuchsbeispiel deutlich sichtbar gemacht. Wie ist es aber möglich, im Rohr eines Saxophons nicht nur einen, sondern mehrere Töne zu erzeugen?

3.3   Tonvariation im Instrument

Durch Überblasen, also ein stärkeres Anblasen am Mundstück geschehen, würde sich die Eingangsfrequenz in der das Rohrblatt schwingt erhöhen bzw. verdoppeln. Ähnlich wird es bei Blechblasinstrumenten wie der Trompete angewandt. Spielbar wären dann allerdings nur die sogenannten Naturtöne, also Obertöne mit ganzzahlig vielfachen Frequenzen der Grundfrequenz (vgl. Winkler, 1998: S. 26).

Da das Instrument aber eine vollständige chromatische Reihe an Tönen besitzen soll, ist es mit 22 Tonlöchern und zwei Oktav- bzw. Überblaslöchern ausgestattet. Da entweder der Querschnitt dieser Klappen zu groß ist, um sie mit den Fingern zu verdecken, oder die

Tonlöcher zu weit entfernt liegen, um sie mit den Fingern zu erreichen, sind alle Tonlöcher über Klappen zu verschließen.

Es lassen sich zwei verschiedene Arten von Klappen unterscheiden, offene und geschlossene Klappen. Offene Klappen sind im Normalzustand geöffnet und werden durch Betätigen der jeweiligen Klappe bzw. der Klappenmechanik geschlossen. Gegenteilig verhalten sich die geschlossenen Klappen, sie werden bei Betätigung der Mechanik geöffnet und geben das Tonloch frei. Durch das Öffnen von Klappen wird die im Instrument schwingende Luftsäule in ihrer effektiven Länge verkürzt. Je weiter oben also die erste geöffnete Klappe liegt, desto kürzer ist die Luftsäule, die im Rohr schwingt und desto höher ist auch der erklingende Ton. Sind alle Klappen geschlossen, erklingt aus dem Instrument der tiefste Ton, die Grundschwingung des gesamten Instruments (beim Altsaxophon z.B. wäre das notiert der Ton b). Öffnet man die Klappen nacheinander, begonnen mit der untersten, ergibt sich eine ansteigende Tonleiter, der höchste in diesem Zusammenhang erreichbare Ton entspricht dem ersten Oberton (vgl. Winkler, 1998: S. 28). Um nun die nächsthöhere Oktave („mittlere Lage") zu erreichen, wird beim Saxophon die Oktavklappe betätigt. Durch sie wird im Instrument die Strömungsgeschwindigkeit der Luft erhöht (vgl. Reuter, 2014: S. 107) und damit ein Überblasen erzeugt.

Genau wie der Rohrdurchmesser steigt auch der Bohrungsdurchmesser der Tonlöcher im Verlauf des Rohres an. Besitzt ein Rohr genau in der Mitte ein Tonloch, dessen Bohrungsdurchmesser genau dem Rohrdurchmesser an dieser Stelle entspricht, endet die schwingende Luftsäule genau am Tonloch: Die effektive Länge des Rohres wird halbiert, die Frequenz des Tons verdoppelt sich somit und er erklingt eine Oktave höher (vgl. Reuter, 2014: S. 107).

Da dies „in der Praxis nicht sinnvoll und auch nicht möglich [ist]" (Reuter, 2014: S. 107 f.), beträgt der Bohrungsdurchmesser bei einer Oboe beispielsweise nur ca. 20% des Rohrinnendurchmessers. Durch eine Verkleinerung des Rohrdurchmessers tritt ein vollständiger Druckausgleich zwischen Instrumentenkorpus und Raumluftdruck, der die stehende Welle beendet, erst einige Millimeter bis Zentimeter nach der Bohrung ein, der Ton wird also etwas tiefer.

Eine weitere, unscheinbare Funktion der Klappen und der Klappenmechanik ist die Verhinderung des Mitschwingens der Metallwand des Instruments. Im Gegensatz zu Instrumenten mit einem Holzkorpus (z.B. Klarinette, Oboe, Fagott) ist die Wandstärke des Messingrohres beim Saxophon so gering, dass es bei Anregung durch die Schwingungen im Inneren dazu neigt, mitzuschwingen. Durch den „massiven Aufbau des Klappengestänges"

(Reuter, 2014: S. 109) wird das verhindert, so beeinflussen Gewicht und Befestigungspunkte des Gestelles am Korpus allerdings den Klang (vgl. Reuter, 2014: S. 109). Der abschließende Teil dieser Arbeit soll nun die bisherigen theoretischen Erkenntnisse in die Praxis überführen.

4. Versuch

Zum Verständnis des folgenden Versuchs wird anfangs der Aufbau erläutert, anschließend auf die Durchführung eingegangen und abschließend die Ergebnisse analysiert.

4.1   Aufbau

Ziel des vorliegenden Versuchs ist es, die Obertonspektren von Saxophon und Klarinette zu messen und auszuwerten. Notwendig für die Durchführung dieses Versuches ist eine kurze Erläuterung des Prinzips der „Fast-Fourier-Transformation" (FFT). Überlagern sich mehrere Wellen, die sich in Amplitude, Periodendauer und Wellenlänge unterscheiden, entsteht daraus eine sogenannte komplexe Welle, zu sehen in Abb. 4.1.1.

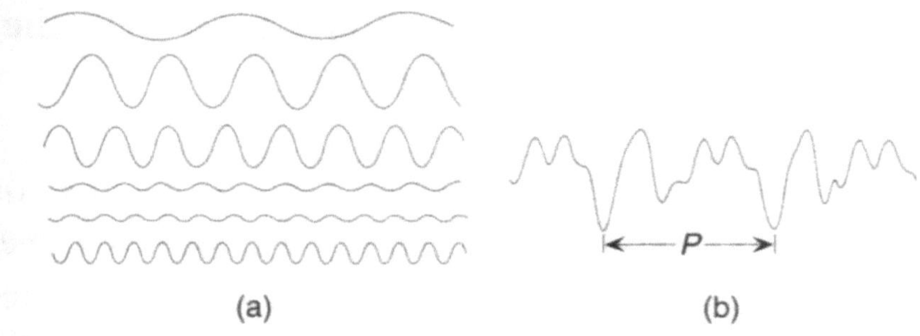

Abb. 4.1.1: Sechs in Amplitude, Wellenlänge und Periodendauer verschiedene Wellen (a) überlagern sich zu einer komplexen Welle (b)

Mit der FFT können diese komplexen Wellen nun, vereinfacht gesagt, wieder in ihre Einzelteile zerlegt werden (vgl. Hall, 1997: S.148). Anschließend wird die Häufigkeit der jeweiligen Frequenzen in einem Diagramm, einem sogenannten Fourier-Spektrum aufgetragen. Die Töne, die beim Spielen eines Instruments entstehen, sind nichts anderes als komplexe Wellen, zusammengesetzt aus dem Grundton und dessen Obertönen. Mithilfe der FFT werden die Obertonspektren einer bestimmten Frequenz bei Altsaxophon und Klarinette veranschaulicht und verglichen. Beide Instrumente stammen vom Hersteller Yamaha, zur Aufnahme und der anschließenden FFT wurde die Software „WavePad" des Herstellers NCH Software in der Version 13.16 verwendet.

Um ein möglichst deutliches Ergebnis zu erzielen, wurde, nach Testen einiger Frequenzen, der Ton mit der Frequenz $f = 174{,}6\,Hz$ als Versuchston ausgewählt. Das entspricht dem klingenden Ton f („kleines f", vgl. Hall, 1997: S. 511 ff.). Transponiert entspricht das am Saxophon in Es dem Ton d, an der Klarinette in B ist es der notierte Ton g. Vor der Messung wird die Obertonreihe auf dieser Frequenz mithilfe der Formel $f_n = n \cdot f_{Grundton}$ errechnet. Daraus ergibt sich folgende Reihe:

$$f_0 = 174{,}6\,Hz$$
$$f_1 = 2 \cdot 174{,}6\,Hz = 349{,}2\,Hz$$
$$f_2 = 3 \cdot 174{,}6\,Hz = 523{,}8\,Hz$$
$$f_3 = 4 \cdot 174{,}6\,Hz = 698{,}4\,Hz$$
$$f_4 = 5 \cdot 174{,}6\,Hz = 873\,Hz$$
$$f_5 = 6 \cdot 174{,}6\,Hz = 1047{,}6\,Hz$$
$$f_6 = 7 \cdot 174{,}6\,Hz = 1222{,}2\,Hz$$
$$f_7 = 8 \cdot 174{,}6\,Hz = 1396{,}8\,Hz$$
$$f_8 = 9 \cdot 174{,}6\,Hz = 1571{,}4\,Hz.$$

Die messbaren Obertöne der beiden Instrumente sollten in der Nähe dieser Frequenzen liegen, Abweichungen durch Messungenauigkeiten sind allerdings möglich.

4.2   Durchführung

Zur Messung wurde ein Abstand von 2m vom Spieler zum Messgerät eingehalten. Es wurden jeweils drei Messungen durchgeführt. Zur Analyse wurden die beiden Messungen verwendet, die bei Betrachtung der Fourier-Spektren den am deutlichsten sichtbaren Unterschied aufwiesen. Die Abbildungen 4.2.1 und 4.2.2 zeigen jeweils zwei Perioden der Wellen der Rohaufnahmen für die beiden Instrumente vor der FFT.

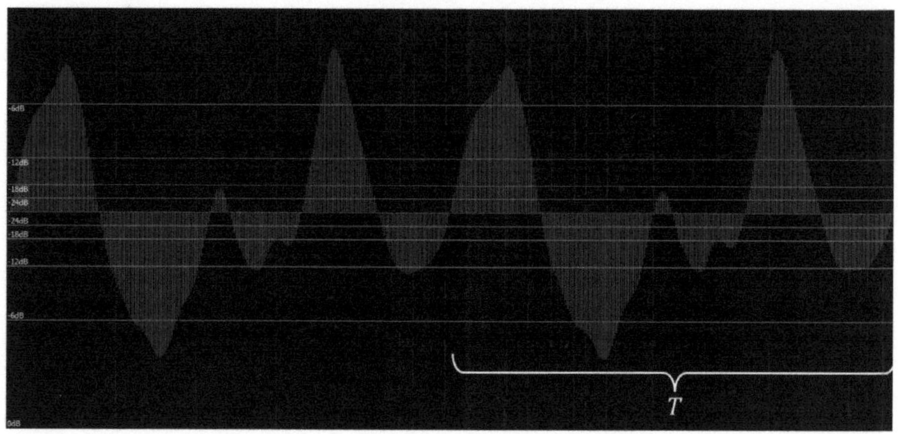

Abb. 4.2.1: Rohaufnahme des Saxophons mit der Frequenz 174,6 *Hz* über zwei Periodendauern *T*.

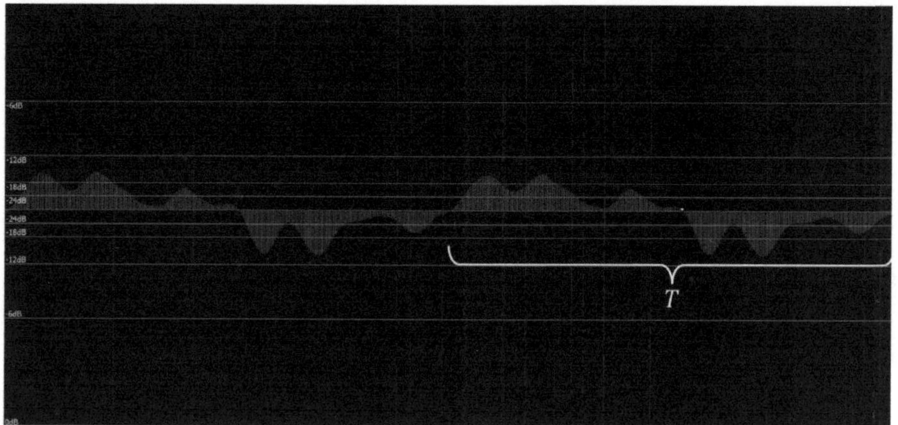

Abb. 4.2.2: Rohaufnahme der Klarinette mit der Frequenz 174,6 *Hz* über zwei Periodendauern *T*.

Der zuerst erkennbare Unterschied ist, dass die Lautstärkepegel bzw. Schwingungsamplituden beim Saxophon deutlich größer sind. Dies ist möglicherweise allein auf spieltechnische Unterschiede bei der Aufnahme zurückzuführen. Welche Unterschiede nach weiterer Analyse der Aufnahmen zu erkennen sind, wird im Folgekapitel erläutert.

4.3   Auswertung

Nach Durchführung der FFT im Programm erhalten wir folgende Fourier-Spektren für das Saxophon (Abb. 4.3.1) und für die Klarinette (Abb. 4.3.2). In diesen Diagrammen sind die jeweiligen Lautstärkepegel in Abhängigkeit der Frequenzen aufgetragen. Zunächst sollen die Spektren für beide Instrumente einzeln analysiert werden.

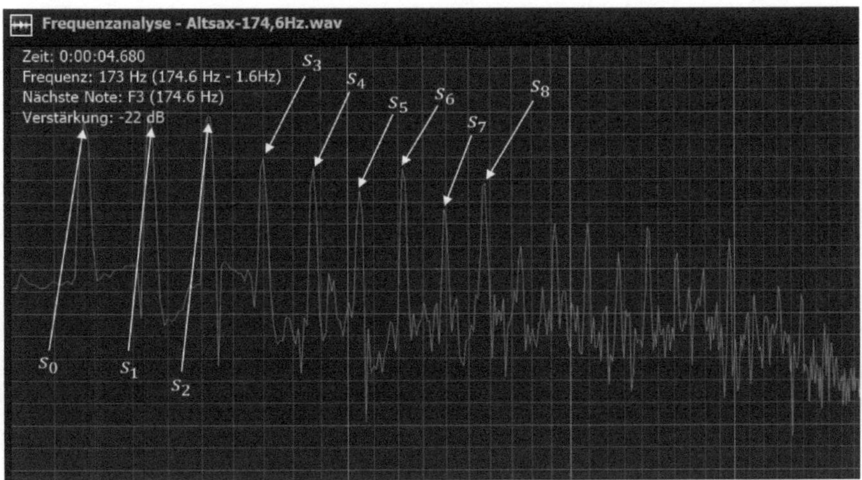

Abb. 4.3.1: Fourier-Spektrum für das Altsaxophon bei einer Frequenz von 174,6 Hz.

Mithilfe der Software konnten die Frequenzen der gemessenen Obertöne abgelesen und dem nächstgelegenen Ton zugeordnet werden. Als Referenzskala wurde hier wieder die üblicherweise verwendete gleichschwebend temperierten Skala (s. Abb. 6.1), verwendet. Anschließend wurde der Prozentsatz des Obertonpegels, den er relativ zum Grundtonpegel erreicht, ausgerechnet.

Für das Saxophon ist dann folgendes Obertonspektrum ablesbar:

s_0: 173 Hz ≈ 174,6 Hz (f)   = Grundton

s_1: 344 Hz ≈ 349,2 Hz (f')   = 1. Oberton ($2 \cdot f_{s_0}$); ca. 101,25% des Grundtonpegels

s_2: 522 Hz ≈ 523,3 Hz (c'')   = 2. Oberton ($3 \cdot f_{s_0}$); ca. 101,25% des Grundtonpegels

s_3: 700 Hz ≈ 698,3 Hz (f')   = 3. Oberton ($4 \cdot f_{s_0}$); ca. 87,5% des Grundtonpegels

s_4: 873 Hz ≈ 880 Hz (a'')   = 4. Oberton ($5 \cdot f_{s_0}$); ca. 82,5% des Grundtonpegels

s_5: $1045\ Hz \approx 1046{,}5\ Hz$ (c''') $= 5.$ Oberton ($6 \cdot f_{s_0}$); ca. 76,25% des Grundtonpegels

s_6: $1219\ Hz \approx 1244{,}5\ Hz$ (e''') $= 6.$ Oberton ($7 \cdot f_{s_0}$); ca. 82,5% des Grundtonpegels

s_7: $1392\ Hz \approx 1396{,}9\ Hz$ (f''') $= 7.$ Oberton ($8 \cdot f_{s_0}$); ca. 68,75% des Grundtonpegels

s_8: $1572\ Hz \approx 1568\ Hz$ (g''') $= 8.$ Oberton ($9 \cdot f_{s_0}$); ca. 78,75% des Grundtonpegels

Es gibt einige Auffälligkeiten an diesem Spektrum. Sowohl die gemessenen Frequenzen als auch die angegebenen Skalenwerte für die Frequenzen der Obertöne weichen wie erwartet von den in Kapitel 4.1 berechneten Werten ab. In den meisten Fällen ist das auf Messungenauigkeiten zurückzuführen, die Abweichung liegt zwischen $+7\ Hz$ und $-3{,}4\ Hz$. Die Abweichung der Frequenzen beim sechsten Oberton ist jedoch besonders auffällig: Wird die Abweichung der berechneten Frequenz zur durch die Skala vorgegebene Frequenz des Tones e''' berechnet, erhält man eine Abweichung von $+22{,}3\ Hz$. Die Abweichung der Rechnung zur Messung hingegen liegt mit $+3{,}2\ Hz$ völlig im Rahmen.

Eine weitere Auffälligkeit ist außerdem, dass die Pegel des ersten und zweiten Obertons um 1,25% über dem des Grundtons liegen, sie erklingen also lauter als der Grundton. Des Weiteren nimmt der Anteil des Obertonpegels nicht konstant ab, die Pegel des sechsten Obertons s_6 und des achten Obertons s_8 liegen jeweils über denen der vorherigen.

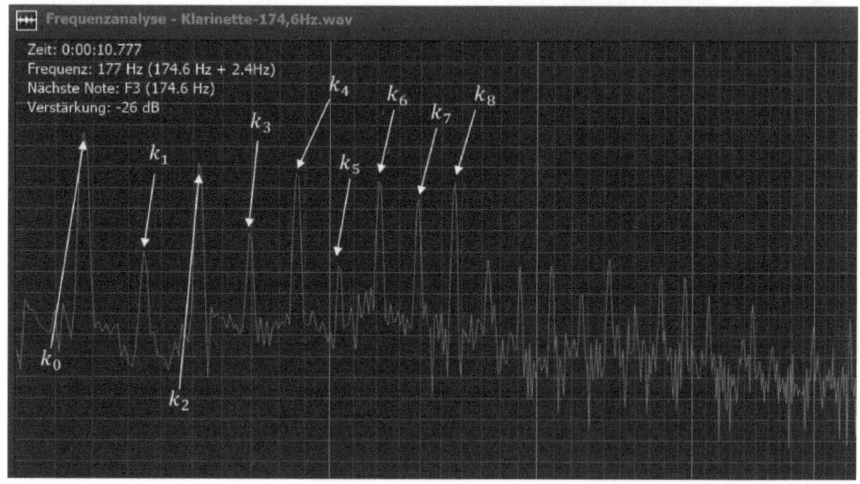

Abb. 4.3.2: Fourier-Spektrum für die Klarinette bei einer Frequenz von $174{,}6\ Hz$.

Das Fourier-Spektrum der Klarinette wird nun auf dieselbe Art analysiert, folgendes Obertonspektrum ist dabei ablesbar:

k_0: 174 *Hz* $\approx$ 174,6 *Hz* (f) $\qquad$ = Grundton

k_1: 346 *Hz* $\approx$ 349,2 *Hz* (f') $\qquad$ = 1. Oberton ($2 \cdot f_{k_0}$); ca. 53,4% des Grundtonpegels

k_2: 519 *Hz* $\approx$ 523,3 *Hz* (c'') $\qquad$ = 2. Oberton ($3 \cdot f_{k_0}$); ca. 89% des Grundtonpegels

k_3: 694 *Hz* $\approx$ 698,3 *Hz* (f') $\qquad$ = 3. Oberton $\left(4 \cdot f_{k_0}\right)$; ca. 61,6% des Grundtonpegels

k_4: 865 *Hz* $\approx$ 880 *Hz* (a'') $\qquad$ = 4. Oberton ($5 \cdot f_{k_0}$); ca. 84,9% des Grundtonpegels

k_5: 1040 *Hz* $\approx$ 1046,5 *Hz* (c''') $\qquad$ = 5. Oberton ($6 \cdot f_{k_0}$); ca. 47,9% des Grundtonpegels

k_6: 1212 *Hz* $\approx$ 1244,5 *Hz* (e''') $\qquad$ = 6. Oberton ($7 \cdot f_{k_0}$); ca. 82,2% des Grundtonpegels

k_7: 1390 *Hz* $\approx$ 1396,9 *Hz* (f''') $\qquad$ = 7. Oberton ($8 \cdot f_{k_0}$); ca. 75,3% des Grundtonpegels

k_8: 1561 *Hz* $\approx$ 1568 *Hz* (g''') $\qquad$ = 8. Oberton ($9 \cdot f_{k_0}$); ca. 82,2% des Grundtonpegels

Auch hier gibt es einige Auffälligkeiten: Genau wie bei der Messung des Saxophons weicht die berechnete Frequenz des sechsten Obertons k_6 stark von der Frequenz des nahegelegenen Tons e''' ab, es ergibt sich eine Differenz von +22,5 *Hz*. Die Abweichung der Rechnung zur Messung liegt mit $-10,2$ *Hz* bei den restlichen Obertönen, die Differenzen liegen insgesamt bei $-0,6$ *Hz* bis $-10,4$ *Hz*. Hierbei ist außerdem auch auffällig, dass alle gemessenen Werte jeweils unter den berechneten liegen.

Die größte Unregelmäßigkeit fällt vor allem im direkten Vergleich mit dem Fourier-Spektrum des Saxophons (Abb. 4.3.1) auf: Während beim Saxophon alle Obertöne ähnlich stark bzw. mit abnehmendem Pegel vertreten sind, sind bei der Klarinette vor allem die Obertöne mit ungeradzahligen Vielfachen der Grundfrequenz vertreten. Die Oberschwingungen mit geradzahligen Vielfachen von k_0 sind, mit Ausnahme von k_7, mit maximal 62% des Grundtonpegels im Obertonspektrum vertreten.

Dieses Ergebnis ist mit hoher Wahrscheinlichkeit auf die Form des Instrumentenrohres zurückzuführen. Wie in Kapitel 3.2 bereits beschrieben, unterstützen Instrumente mit einem konischen Rohrverlauf (Saxophon) alle Eigenschwingungen, während Instrumente mit zylindrischem Rohrverlauf (Klarinette) nur ungeradzahlige Eigenschwingungen verstärken. Umso auffälliger ist es, dass der siebte Oberton der Klarinette einen ähnlich hohen Pegel wie der sechste und achte Oberton besitzt.

Abschließend folgt jetzt eine kurze Zusammenfassung mit Fazit der vorliegenden Arbeit.

5. Zusammenfassende Darstellung

Ziel dieser Arbeit war, die Entstehung von Tönen im Saxophon zu untersuchen. Nach der theoretischen Erklärung des Verhaltens des Schalls in Mundstück und Korpus sollte der klangliche Unterschied zu anderen Instrumenten am Beispiel der Klarinette dargestellt werden. Mithilfe der Messung der Obertonspektren konnten einige Unterschiede sichtbar werden. Größte Auffälligkeit hierbei war die unterschiedliche Ausprägung der Obertöne, während das Saxophon eine vollständige harmonische Teiltonreihe besitzt, wurde beim Obertonspektrum der Klarinette eine starke Ausprägung nur der ungeraden Teiltöne festgestellt. Diese Feststellung konnte mit hoher Wahrscheinlichkeit auf die unterschiedlichen Verläufe der Instrumentenkorpusse zurückgeführt werden – ein konisch verlaufendes Rohr verstärkt alle Eigenschwingungen, ein zylindrisch verlaufendes nur die geradzahligen.

Die festgestellten Eigenschaften sind natürlich nicht die einzigen Faktoren, die den Unterschied der Klänge der Instrumente beeinflussen. Zu diesem Thema sind viele weiterführende Versuche, wie z.B. zum Thema Schallabstrahlung möglich, die allerdings außerhalb des Rahmens dieser Arbeit lägen.

Abschließend lässt sich sagen, dass die vorliegende Arbeit ihr Ziel sowohl in der Theorie als auch in der Praxis erreicht hat.

6. Anhang

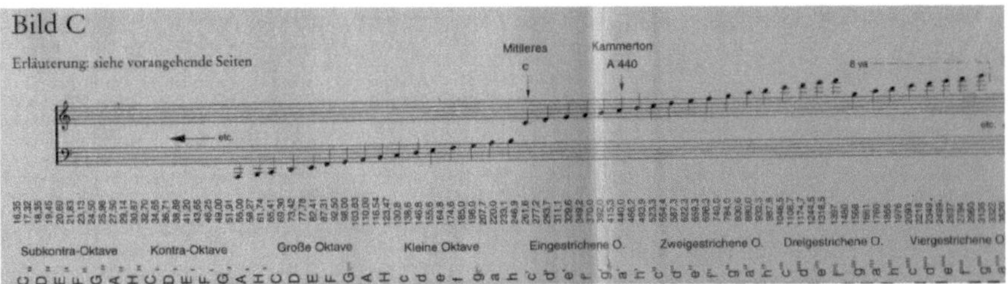

Abb. 6.1: Gleichschwebend temperierte Skala

7. Literaturverzeichnis

Dr. Matzke, H. (1949): Unser technisches Wissen von der Musik, Werk-Verlag, Lindau   am
  Bodensee.

Fletcher, N. (2000): The physics of musical instruments, Springer-Verlag,
  New York.

Hall, D. (2008): Musikalische Akustik – ein Handbuch,
  Schott-Music Verlag, Mainz.

Hall, D. (1997): Musikalische Akustik – ein Handbuch,
  Schott-Music Verlag, Mainz.

Reuter, C./Auhagen, W. (2014): Musikalische Akustik, Laaber-Verlag, Laaber.

Taylor, C. (1992): Der Ton macht die Physik, Verlag Vieweg, Wiesbaden.

Valentin, E. (2004): Handbuch der Musikinstrumentenkunde,
  Gustav Bosse Verlag, Kassel.

Winkler, K (1998): Die Physik der Musikinstrumente, Spektrum Akademischer Verlag,
  Heidelberg/Berlin.

8. Abbildungsverzeichnis

Abb. 2.1.1: selbst erstellt im Programm MuseScore.

Abb. 2.2.1: selbst erstellt, mit Hilfe der GeoGebra Simulation „Reflexion und stehende Welle"
von Jens Maier.

Abb. 2.2.2: selbst erstellt, mit Hilfe der GeoGebra Simulation „Reflexion und stehende Welle"
von Jens Maier.

Abb. 2.2.3: selbst erstellt, mit Hilfe der GeoGebra Simulation „Reflexion und stehende Welle"
von Jens Maier.

Abb. 3.1.1: Kay Siebold (2021): Das Saxophonmundstück,
http://kaysiebold.de/Mundstueck-Tips:_:15.html, aufgerufen am 26.09.2021.

Abb. 3.1.2: Hall, D. (1997): Musikalische Akustik – ein Handbuch,
Schott-Music Verlag, Mainz: S. 268, Bild 13.2a.

Abb. 3.1.3: Hall, D. (1997): Musikalische Akustik – ein Handbuch,
Schott-Music Verlag, Mainz: S. 269, Bild 13.3b.

Abb. 3.2.1: Hall, D. (1997): Musikalische Akustik – ein Handbuch,
Schott-Music Verlag, Mainz: S. 242, Bild 12.2.

Abb. 3.2.2: Hall, D. (1997): Musikalische Akustik – ein Handbuch,
Schott-Music Verlag, Mainz: S. 242, Bild 12.3.

Abb. 3.2.3: Hall, D. (1997): Musikalische Akustik – ein Handbuch,
Schott-Music Verlag, Mainz: S. 274, Bild 13.6.

Abb. 4.1.1: Hall, D. (1997): Musikalische Akustik – ein Handbuch,
Schott-Music Verlag, Mainz: S. 147, Bild 8.3.

Abb. 4.2.1: selbst erstellt im Programm WavePad, NCH Software, v. 13.16.

Abb. 4.2.2: selbst erstellt im Programm WavePad, NCH Software, v. 13.16.

Abb. 4.3.1: selbst erstellt im Programm WavePad, NCH Software, v. 13.16.

Abb. 4.3.2: selbst erstellt im Programm WavePad, NCH Software, v. 13.16.

Abb. 6.1: Hall, D. (1997): Musikalische Akustik – ein Handbuch,
Schott-Music Verlag, Mainz: Bild C (Rückumschlag).

9. Abkürzungsverzeichnis

c	-	Schallgeschwindigkeit in Luft bei Normaldruck
f	-	Frequenz
F_E	-	Elastizitäts-/Federkraft
F_p	-	Bernoulli-Kraft
p_K	-	Druck in der Mundstückkammer
p_S	-	Druck in der Mundhöhle des Instrumentalisten
Q	-	Durchflussrate der Luft im Mundstück
s_{Offen}	-	Länge von offenen Rohren
$s_{Gedackt}$	-	Länge von einseitig geschlossenen Rohren
T	-	Periodendauer
x	-	Bahnöffnung
λ	-	Wellenlänge